THÉORIE-PRATIQUE

SUR LA

MANIÈRE DE GUÉRIR LA MALADIE DE LA VIGNE, DES ARBRES A FRUIT ET DES PLANTES POTAGÈRES

PAR LA

POUDRE ANTI-OÏDIQUE

Brevetée, médaillée à l'exposition franco-espagnole de Bayonne,

PAR M. BARTHE,

specteur de la Compagnie l'Exonération.

Agen,

Quillot, cours Plateforme et rue Saint-Martial, 1.

1865.

THÉORIE-PRATIQUE

SUR LA

MANIÈRE DE GUÉRIR LA MALADIE DE LA VIGNE, DES ARBRES A FRUIT ET DES PLANTES POTAGÈRES

PAR LA

POUDRE ANTI-OÏDIQUE

Brevetée, médaillée à l'exposition franco-espagnole de Bayonne,

PAR M. BARTHE,
Inspecteur de la Compagnie l'Exonération.

Agen,
Imp. J.-A. Quillot, cours Plateforme et rue Saint-Martial, 1.
1865.

S'ADRESSER

POUR L'ACHAT DES MATIÈRES.

A AGEN, chez M. **Barthe**, entrepositaire général des départements du Lot-et-Garonne, du Gers, du Lot et du Tarn-et-Garonne, cours Trénac, n° 23.

à BEAUVILLE, chez M. Farges, marchand épicier, sur le foirail;

à PUYMIROL, chez M. MASSET, rue de la Citadelle;

à PRAYSSAS, chez M. Léglise, secr. de la Mairie;

à AIGUILLON, chez M. Péribère;

à LAYRAC, chez M. Purrey, rue Verduu ;

à LAPLUME, chez M. Despaux ;

à AUCH, chez M. Tarbes, nég. place de la Mairie;

à CONDOM, chez M. Baylet, agent d'affaires;

à MONTAUBAN, chez M. Tournon, négoc. Grande rue Ville-Bourbon;

à MONTAIGUT, chez M. Daurée Texidore, marchand épicier, place du Marché;

à LAVIT, chez M. Quillot aîné, négociant;

à VALENCE-D'AGEN, chez M. Roche, entrepositaire de bière.

NOTICE

SUR LA

Maladie de la Vigne

Depuis l'année 1851, les vignes, non-seulement du département de Lot-et-Garonne, mais encore de tous les départements limitrophes, sont atteintes d'une maladie qui affecte les parties vertes, c'est-à-dire les jeunes pousses. Le raisin est d'abord recouvert d'un duvet blanc qui, lorsqu'on le froisse, répand une odeur de moisi. Ce duvet parfois disparaît, mais il est remplacé par des piqûres noires ou par des taches de même couleur ou brunies. Les petits grains ne croissent plus et se dessèchent. Les gros grains s'entr'ouvrent et laissent voir à nu leurs pépins.

Le raisin frappé de ce parasite reste toujours dur même lorsqu'il a atteint un certain développement; dans ce cas il ne peut donner qu'une faible quantité de moût. La couleur qu'il devait avoir n'a été formée qu'imparfaitement et même par petites places. En un mot, la production du vin se trouve empêchée par l'arrêt complet du développement de la vigne et du fruit.

La maladie de la vigne apparaît à des époques très-variables. Elle commence quelques fois lorsqu'à peine les bourgeons sont développés, néanmoins ce cas est très-rare : on l'observe plus ordinairement après la floraison ou vers la fin du mois de Juillet, une des époques les plus redoutables.

Tous les pieds de vigne ne sont pas également atteints par la maladie; on voit souvent sur le même ceps un ou deux pampres attaqués par ce duvet ou cette moisissure spéciale qui caractérise ce parasite, tandis que d'autres ceps qui y touchent en sont entièrement préservés.

Les vignes situées dans les lieux bas ou terrains humides sont bien plus exposées à être atteintes par l'Oïdium que celles qui sont dans les lieux très-élevés. Néanmoins elles peuvent l'être dans tous les lieux.

La cause de tous les accidents que nous venons de décrire est aujourd'hui parfaitement connue. On sait que c'est un être parasite (qui vit sur un autre être) et qui offre avec les champignons une certaine analogie, tant au point de vue de la forme et de la structure, qu'à sa manière de vivre et de se reproduire tous les ans. Une saison très-favorable au développement de la vigne, suivie d'une grande sécheresse, peut seule enrayer son action destructive. On l'a nommé Oïdium. Son apparition fut observée en 1845 en Angleterre; en 1847, il s'est montré aux environs de Paris, et ensuite dans tout le nord de la France. En 1850, il est parvenu jusqu'en Provence et en Espagne, et dès 1851, il a envahi toute la partie du midi, et s'est enfin répandu dans l'Europe entière et dans plusieurs parties du globe. Les vignes atteintes par ce parasite ont été complètement détruites.

L'apparition de l'Oïdium et la rapidité de sa marche sont importantes à connaître, attendu qu'à chaque instant il peut envahir un vignoble en entier sans que rien puisse faire prévoir son arrivée. Nous avons remarqué deux marches bien distinctes dans son invasion : une lente, dans laquelle il gagne de cep en cep, comme une plaie qui s'accroît; une rapide, instantanée presque, lorsqu'il est transporté par les courants d'air. Aussi, quand une contrée est envahie par ce fléau dévastateur, celle qui l'avoisine doit craindre son arrivée, occasionnée par le vent qui en apporte les germes.

Examinez l'Oïdium au soleil et vous verrez qu'il est formé de petits filaments brillants enchevêtrés les uns dans les autres. Ce fait est très-facile à vérifier; on peut se convaincre de sa forme à l'aide d'un microscope.

L'Oïdium est la cause de la maladie de la vigne, évidemment elle ne peut exister sans lui, et lorsqu'il apparaît sur cette plante, on s'aperçoit qu'elle souffre : elle cesse de s'accroître, le fruit n'a plus son développement. Les rameaux oïdiés changent de couleur, de distance en distance il s'y forme une partie noirâtre ou brune; la sève qui circule a une odeur désagréable. Ce parasite, cramponné sur cette plante, s'empare de ses sucs nourriciers, et enfin s'oppose à ce que la vigne accomplisse les fonctions que la nature lui a données. Alors les altérations qu'il a fait naître sont si redoutables que le mal ne peut plus être réparé.

Invasion de l'Oïdium.

Que devient l'Oïdium pendant l'hiver exposé à toutes les rigueurs de la saison froide? Le fruit est cueilli, les feuilles sont tombées, la vigne est taillée, le sarment enlevé de sur le sol, l'Oïdium, qui ne s'était fixé que sur le fruit et cette jeune pousse aurait dû évidemment être enlevé aussi, et cependant il se présente toujours.

Les vignes en espalier sont attaquées plus fortement que celles cultivées en plein champ. Ne serait-t-il pas vrai que l'Oïdium, ou les germes d'Oïdium, auraient pu se fixer dans les anfractuosités du treillage ou de la muraille contre laquelle ce pied de vigne est assujetti et que, dans tous les cas, cette muraille forme un abri aux sporules d'Oïdium.

Ce parasite reparaît plutôt sur les vignes déjà oïdiées depuis longtemps que sur celles qui ne l'ont jamais été; il commence son développement sur les jeunes rameaux, sur les feuilles et le fruit. Cette observation ne semble-t-elle pas aussi démontrer que les germes de ce parasite résident à la base des bourgeons et qu'à mesure que les jeunes pousses croissent elles offrent un aliment à l'être qu'ils produisent.

Enfin, les vignes qui ont été oïdiées sont toujours les premières attaquées par ce parasite, avant celles qui ne l'ont jamais été.

On voit par ce qui précède que les germes de l'Oïdium peuvent se déposer parfaitement abrités; principalement sur les vieilles souches de vigne, qui présentent une multitude d'anfractuosités, où il peut parfaitement s'abriter, et qu'il est très-facile de le combattre là où il est. Voilà ce que nous publions dans l'intérêt de l'Agriculture. Puisse cette petite édition ne point rester inaperçue aux aux yeux de la société, dans l'intérêt de laquelle nous

nous sommes imposés les frais d'un ouvrage aussi utile qu'efficace comme nous le prouverons plus bas par les certificats que nous avons obtenus, non-seulement pour la guérison de la vigne, mais encore pour celle des arbres à fruit. Nous décrirons aussi la manière de combattre les insectes qui dévastent principalement les pommiers et les pruniers.

La vigne peut-elle souffrir sans que l'Oïdium apparaisse à sa surface ?

C'est une question d'une véritable importance, attendu que c'est de sa solution que dépend le mode de traitement des vignes, elle mérite donc d'être examinée au point de vue d'une appréciation spéciale.

Lors des premières années de l'apparition de l'Oïdium, les viticulteurs se demandaient : Pourquoi la vigne ne se comporte-t-elle pas comme avant la maladie ? Avant la maladie de la vigne, les grandes récoltes revenaient périodiquement à des époques très-rapprochées les unes des autres; mais depuis que l'Oïdium est apparu, aucune grande récolte n'a été obtenue sauf l'année 1865, qui a été une année des plus favorables pour la vigne en général. Néanmoins, les vignes situées dans les lieux bas et humides ont eu leurs fruits compromis en majeure partie. Quand aux vignes qui se trouvent placées dans d'autres lieux, elles n'ont été atteintes qu'à l'époque de la maturité, l'Oïdium n'ayant pu opérer ses ravages sur le fruit a laissé les traces de son apparition sur les feuilles et sur le sarment : son action dévastatrice est fort à craindre l'année prochaine si elle est favorisée par un temps humide.

On sait que les vignes qui ont été soumises à un traitement convenable sont plus vigoureuses que celles qui n'ont jamais eu aucun soin, quand même l'Oïdium ne les ait jamais atteintes.

Or, cette observation, qui est très-évidente, nous oblige de croire que la vigne est malade, et qu'elle a besoin d'un traitement pour se bien porter ; ou ce qui est plus rationnel, qu'elle est réellement malade, sous l'influence de l'épiphisie, sans que l'Oïdium apparaisse à sa surface, et qu'un traitement bien dirigé peut la guérir.

Si dans une vigne l'Oïdium n'atteint que quelques ceps, n'est-t-il pas possible qu'il agisse sur les autres sans se montrer ?

Lorsqu'une épidémie frappe les habitants d'une ville, elle ne les atteint qu'inégalement : les uns meurent, d'autres sont très-malade, et il en est beaucoup qui ne sont qu'indisposés.

N'est-il pas pas possible que les germes de l'Oïdium pénètrent dans la vigne par une voie quelconque et déterminent le malaise qu'elle semble éprouver ?

Ne sait-on pas d'ailleurs que la vigne qui a été plusieurs fois oïdiée dépérit et parfois finit par mourir.

L'homme n'est-il pas affecté par des maladies de peau, qu'il porte constamment avec lui, mais qui ne se signalent au dehors, que par des éruptions variées, qu'à des époques et sous des influences déterminées. Ne peut-il pas en être de même de la vigne et n'importe de quel arbre ? l'année 1865, nous confirme dans cette assertion.

En résumé, l'Oïdium exerce une influence réelle sur la vigne quand bien même il n'apparaisse point à sa surface.

Il est donc probable que l'Oïdium peut exister à l'état latent (caché) dans ce végétal, soit par des sporules, soit de toute autre manière.

Les observations rapportées dans ce petit ouvrage, nous montrent clairement :

1° Que les germes de l'Oïdium se conservent intacts pendant l'hiver cachés dans les anfractuosités de l'écorce qui les abrite;

2° Que ces germes exercent une influence réelle sur la vigne quand bien même on n'en observe aucune trace.

Nous avons dit plus haut que lors des premières années de l'Oïdium les viticulteurs se demandaient pourquoi la vigne ne se comportait plus comme avant. Evidemment, la cause ne peut être attribuée 1° qu'à sa souffrance par la présence de l'Oïdium ; 2° au malaise qu'elle éprouve par la malpropreté.

Cette observation vérifiée au point de vue prouvera que les faits articulés ci-dessus sont affirmatifs.

Que l'on observe, si, l'homme malpropre, couvert de vermine et habitant dans un lieu humide, n'est pas constamment dans le malaise et toujours souffrant. Mais aussiôt qu'il est sorti de l'humidité et de la malpropreté, cette figure jaunâtre sera remplacée par les premiers traits que la nature lui avait dévolus.

N'en serait-il pas de même sur la vigne dont non-seulement le pied mais encore les pampres sont couverts de mousse, ce qui tient constamment le cep humide ? Chez d'autres, c'est un tas de vermine qui s'abrite sous cette vieille écorce : tout cela n'est que nuisible à la santé de la vigne.

Qu'on tienne donc la vigne dans un état de propreté ; qu'on enlève cette vieille écorce, et l'on verra la vigne, de jaunâtre qu'elle était, devenir noire et fougueuse, et par la suite donner d'immenses récoltes.

Lorsque la maladie a paru pour la première fois, évidemment il faut conclure qu'elle venait du dehors ; il en est encore de même, des vignes qui n'ont jamais souffert par sa présence; mais lorsqu'elle reparaît plusieurs années de suite, on peut affirmer qu'elle avait pénétré dans la vigne ou qu'elle s'était fixée sur quelque point de sa surface ; que ses germes, comme tous les autres germes, ne se sont développés qu'aussitôt que les circonstances l'ont permis.

Cette observation, qui à une époque n'était qu'une supposition, est devenue l'expression d'une vérité démontrée. On a dit que l'Oïdium se développait à la base des bourgeons ou des jeunes rameaux. Cette assertion a été vérifiée, et ceux qui se sont donné pour mission d'observer l'Oïdium ont dit : Oui, les rameaux sont envahis par leur base ; l'Oïdium s'élève en rampant et atteint successivement les pétioles des feuilles et leur limbe, les pédoncules des grappes et les grains du raisin ; si celles-ci sont poudrées, il s'arrête, mais s'il trouve un passage, si étroit qu'il soit, il s'avance et continue sa route jusqu'à l'extrémité des rameaux. Cette observation démontre clairement, qu'il faut soumettre à un traitement préventif les vignes qui déjà ont été oïdiées.

Ces faits démontrent de la manière la plus évidente et la plus positive qu'il faut se mettre en garde contre l'apparition de ce terrible parasite.

Il est du reste si difficile de connaître son arrivée, il fait souvent des progrès si rapides, qu'il peut envahir tout un vignoble sans qu'on s'en aperçoive. Or, il est donc convenable de le combattre à l'avance, de détruire ses germes autant qu'on le peut, et de mettre la vigne en mesure de lui résister, soit qu'il existe en elle à l'état latent, soit qu'il vienne du dehors.

Ainsi qu'il a été dit précédemment, l'Oïdium à un autre mode d'invasion : Ses sporules suspendues dans l'atmosphère peuvent se déposer sur toutes les parties de la vigne. Les bourgeons et les jeunes feuilles qui poussent à l'extrémité des rameaux, étant plus tendres, sont évidemment plus aptes à l'alimenter que les autres parties du végétal ; il s'y développe plus tôt qu'ailleurs, et pour arrêter ses progrès si rapides il ne s'agit que de le combattre avant qu'il ait pris naissance sur ces jeunes organes.

TRAITEMENT

QU'IL CONVIENT

D'APPLIQUER A LA VIGNE.

Ce qui vient d'être exposé peut se résumer ainsi :

1° La maladie de la vigne est due à un être qui se développe et vit à ses dépens ; cet être se reproduit par des sporules (germes) d'une ténuité extrême et si après avoir pris naissance elle est favorisée par une saison humide ses ravages sont irréparables.

2° La maladie est aujourd'hui parfaitement connue, et, en un petit nombre d'années, elle s'est répandue dans le monde entier.

3° Elle a deux modes de propagation :

l'un lent et agissant de proche en proche, comme les maladies eontagieuses ; l'autre rapide et empruntant la voie aérienne, comme cela arrive dans les grandes épidemies.

4° Les vignes qui ont déjà été oïdiées sont atteintes plus tôt et d'une manière plus générale que celles qui ne l'ont point été ou qui ont été soumises à un traitement efficace.

5° Nous avons dit plus haut que la vigne souffrait par la présence de l'Oïdium sans qu'on puisse reconnaître les traces de ce parasite.

Il résulte de ces observations que la propagation de l'Oïdium est immense et d'une rapidité extrême. Soit qu'il se développe sur les pieds où il avait déjà paru, soit qu'il vienne du dehors, soit encore qu'il se déclare au développement de la vigne, ou dans la dernière quinzaine de juillet. On ne peut jamais prévoir son arrivée, et l'on trouvera sans doute rationnel de faire des efforts pour prévenir son apparition, de quelque part qu'il vienne.

Si, comme toutes les observations rapportées dans le chapitre qui précède semblent le démontrer, la vigne a sur elle un malaise qui nuit à son développement, à sa fécondité et à la maturité de son fruit, il doit être évident pour tous qu'il est indispensable de la soumettre à un traitement convenable sans attendre l'apparition de l'Oïdium.

On doit donc appécier comme utile et bien fondée l'opinion des viticulteurs qui affirment que la vigne doit être soumise à un traitement préventif.

Parmi les matières employées pour combattre l'Oïdium, le soufre a donné souvent des résultats satisfaisants.

Nous demanderons, à cet égard, d'entrer dans quelques détails sur ces matières.

Le soufre est divisé en deux systèmes ou deux qualifications :

1° Le premier a été nommé soufre sublimé, 2° et le deuxième a été nommé soufre trituré ou pulvérisé.

Le soufre sublimé est le soufre vaporisé et connu sous le nom de *fleur de soufre.*

N'ayant pas été lavé, il contient moins d'un millième d'acide sulfurique.

Le soufre trituré est le soufre brut de Sicile qui a été pulvérisé avec plus ou moins de soin, il est quelquefois pur, mais aussi quelquefois il peut y avoir jusqu'à deux cinquièmes de matières étrangères. Il ne contient pas une trace d'acide sulfurique.

Le soufre sublimé a donné des résultats satisfaisants dans le Midi, le soufre trituré en a donné également de bons dans d'autres régions, mais il a pu être inférieur au premier et, jusqu'à présent, rien n'a prouvé que ce soufre ait été pulvérisé convenablement.

Il est donc démontré que le soufre est actif par lui-même mais qu'il l'est plus ou moins selon son état de division.

Mais ces soufres ont des inconvénients: ils n'ont d'action que lorsque la température est suffisamment élevée pour les réduire en vapeur. C'est cette vapeur qui étend l'action de ces soufres ; principalement lorsque le soleil est ardent ; c'est alors qu'il agit. Mais lorsque la température baisse, ce qui a lieu pendant la nuit ou par un temps humide, ou bien lorsqu'il tombe une pluie fine, alors ils sont complétement inactifs.

La température des nuits étant humide, fait que le dépôt de la rosée s'oppose à la vaporisation du soufre jusqu'à ce qu'elle ait disparu par l'action du soleil. Cette observation démontre que, par les temps même les plus favorables, le soufre est inactif pendant plus de la moitié du jour, et que lorsque le temps est humide, condition qui convient le mieux au développement de l'Oïdium, il devient alors tout à fait inactif. Ces observations viennent corroborer celles des viticulteurs qui n'ont pu combattre efficacement l'Oïdium par l'emploi du soufre; attendu que ce corps est resté inerte sur les ceps de vigne par un temps pluvieux, ou si l'action du soleil n'a pas assez élevé la température.

Or, tout en reconnaissant l'efficacité du soufre, les services qu'il a rendus, et l'utilité de son emploi, on est aussi forcé de reconnaître qu'il est insuffisant.

En outre, il faut ajouter qu'il communique au vin une forte odeur sulfureuse, qui peut être détruite, il est vrai, mais laissant toujours quelque trace fâcheuse, surtout, chez celui qui après avoir décuvé le vin, veut pour avoir sa consommation, mettre de l'eau pour faire la petite boisson, ou piquette, qui a toujours été de non-valeur.

Ce sont ces observations claires et précises qui ont conduit les auteurs : 1° à modifier le soufre pour le rendre plus actif ; 2° à rechercher les subtances qui peuvent le remplacer ou le rendre plus efficace, 3° à faire que la poudre provenant de ces matières n'exerce pas une influence fâcheuse sur le vin. C'est ainsi qu'on est parvenue à composer la **Poudre anti-Oïdique**, qu'aujourd'hui nous offrons au public. Après en avoir fait pendant trois ans des épreuves sérieuses non-seulement sur la vigne mais encore sur toutes les plantes où ce parasite fait ses ravages. Rien ne peut mieux prouver la sincérité de nos épreuves très-fondées, que l'extrait ci-inclus des actes d'engagements que nous avons consenti avec un grand nombre de propriétaires ; les originaux sont déposés dans nos archives.

Les principales propriétés de cette poudre peuvent se résumer ainsi qu'il suit :

1° Elle adhère fortement aux parties avec lesquelles elle est en contact, et y demeure longtemps fixée.

2° Elle agit en tout temps, par le soleil, lorsque l'air est humide, et surtout sous l'influence de la rosée. Une grande pluie peut seule l'enlever, mais si cette pluie ne vient que vingt-quatre heures après l'opération, la vigne se trouve imprégnée de manière à détruire les germes d'Oïdium qu'elle pourrait avoir à sa surface, et à la protéger encore pendant longtemps.

3° Toutes ces conditions réunies à l'efficacité de cette poudre font qu'elle offre un grand avantage sur le soufre quel qu'il soit, et, à plus forte raison, sur les mélanges qui lui doivent uniquement leur activité.

4° Le soufre agit tellement sur les yeux que bien des ouvriers ont refusé d'en faire usage.

La Poudre Anti-Oïdique n'a pas cet inconvénient.

5° Elle fortifie la vigne, hâte sa floraison et la maturité du raisin. Loin de communiquer au vin un mauvais goût qui le rendrait invendable, elle en améliore la qualité.

6° Non-seulement elle détruit l'Oïdium, mais elle tue ou éloigne tous les animaux qui attaquent la vigne, tels que limaçons et insectes ; quoique n'exerçant aucune action nuisible sur les ouvriers qui l'emploient, elle est cependant un agent destructeur pour ces animaux. Elle agit immédiatement sur les limaçons, de quelle espèce qu'ils soient ; elle les oblige à abandonner le cep sur lequel ils se sont fixés. Si la quantité de poudre qui les a atteints est suffisante, elle les tue infailliblement. Lorsqu'elle ne l'est point, ils peuvent se remettre de l'accident qu'ils ont éprouvé, mais ils ne reviennent jamais sur la vigne couverte de poudre Anti-Oïdique.

7° Elle protége toutes les plantes qui qui peuvent être atteintes par l'Oïdium et notamment les tomates.

8° Elle protége aussi la pomme de terre contre la maladie qui l'atteint depuis plusieurs années.

Il ne suffit pour cela que d'en poudrer les tiges et les feuilles pour préserver le tubercule.

Cette observation démontre, ainsi qu'il a été prouvé, que la pomme de terre est atteinte par un être parasite qui se développe sur ses parties vertes, en suit les tiges, et s'introduit dans le sol pour y attaquer les tubercules.

Modes de Traitement.

—

La vigne peut être soumise à deux modes de traitements fort distincts l'un de l'autre : le premier peut recevoir le nom de TRAITEMENT PRÉSERVATIF OU PRÉVENVIF; le second celui de TRAITEMENT EVENTUEL.

MÉTHODE PRÉVENTIVE.

Le premier mode de traitement a principalement pour but de combattre l'Oïdium, lors-même qu'il n'existe qu'à l'état latent, d'en faire périr les germes, de prévenir son apparition, de fortifier la vigne, de la rendre plus féconde et d'en obtenir de meilleurs produits. Ce traitement a encore l'avantage de détruire les insectes.

La méthode préservatrice peut se résumer ainsi :

Opérer sur la vigne avant la floraison(*).

Poudrer avec soin les parties vertes (c'est-à-dire les jeunes pousses), les ceps et même leurs supports.

Répéter cette opération lorsque le grain est formé et a atteint le volume d'un gros plomb de chasse.

Attendre et poudrer de nouveau, si l'Oïdium apparaît.

Si la première opération a été bien faite, elle a dû détruire tous les germes de l'Oïdium existant sur la vigne et elle a dû suffire à elle seule, néanmoins, comme des sporules d'Oïdium peuvent venir du dehors, la deuxième opération est indispensable, attendu qu'il est plus rationnel d'entretenir la vigne de manière à ce que l'Oïdium ne puisse pas l'aborder. Cependant s'il n'y a pas nécessité on peut re-

(*) Il faut autant que possible, à moins d'y être forcé par l'apparition de l'Oïdium, ne faire aucune opération sur la vigne pendant qu'elle est en fleur.

tarder cette deuxième opération jusque vers la dernière quinzaine de juillet, époque où généralement dans le midi l'Oidium se développe en dernier.

MÉTHODE ÉVENTUELLE.

La méthode éventuelle est encore plus facile à formuler :

Surveiller l'apparition de l'Oïdium ;

Opérer immédiatement sur tous les pieds de vigne du même cépage sur lesquels il se montre.

Répéter cette opération autant de fois que l'Oïdium se montrera.

La méthode éventuelle est très-facile à formuler.

Elle se borne à surveiller l'apparition de l'Oïdium. On n'opère que si la nécessité l'exige. D'où il résulte que si l'Oïdium ne se montre pas, la vigne est abandonnée à elle-même et ne reçoit aucun traitement.

Cette méthode n'est pas cependant la plus économique : ce qui précède ne laisse aucun doute à cet égard. Attendu que ce mode de traitement est inapplicable à une grande propriété : 1° parce que la surveillance en est fort difficile, que du moment qu'on l'aperçoit et que l'on se pourvoit pour se mettre à l'œuvre afin de le combattre, il a envahi tout un vignoble; 2° parce qu'il est impossible d'avoir constamment des ouvriers disponibles pour en faire l'application immédiate.

La méthode préservatrice est donc la plus sûre, et si, comme nous l'avons déjà dit, elle a été bien faite, elle a dû détruire tous les germes de l'Oïdium existant sur la vigne; néanmoins, il est très-prudent de ne pas se borner à cette seule opération, attendu que l'Oïdium peut encore venir du dehors. En résumé il s'agit de savoir si en conservant l'état de santé de la vigne, la plus-value des produits qu'elle peut donner sous l'influence du traitement préservatif ne dépassera pas la valeur vénale de ce même traitement, poudre et main-d'œuvre comprise. Tout ce qui précède jusqu'à ce point ne laisse aucun doute à cet égard;

et, pour en conclure, que l'on compare les vignes soufrées à celles qui ne l'ont jamais été, et l'on verra que les rameaux de ces dernières sont minces, chétifs, ses feuilles jaunes, et les ceps se laissant mourir : évidemment il est impossible que ces vignes puissent donner des récoltes égales à celles qu'elles ont donné avant la maladie.

Tous les faits articulés dans les chapitres qui précèdent se sont accomplis, et ont démontré à tous les observateurs que le traitement préservatif ou préventif est de toute supériorité au traitement éventuel. Le soufre même, qui détruit l'Oïdium lorsqu'il vient de paraître, demeure parfois complétement inactif lorsque ce parasite s'est développé jusqu'à un certain degré.

La poudre annoncée sur cette notice détruira l'Oïdium en quelques jours, (souvent en un seul), lorsque le soufre ordinaire, trituré ou sublimé quel qu'il soit, demeurera sans effet si la température ne l'a pas favorisé.

Cette expérience comparative a été faite sérieusement, et nous désirons dans l'intérêt de l'agriculture qu'elle soit faite partout où elle pourra l'être.

Des échantillons ont été remis gratuitement à tout Agriculteur qui nous en a fait la demande ; des poudrages gratuits ont été fait par nous sur divers points du département de Lot-et-Garonne, et par nos agents dans les départements du Gers, du Tarn-et-Garonne et du Lot ; des lettres de remerciement nous sont parvenues, à titre de gratiude de nos soins; elles sont dans nos archives, où tout intéressé peut en prendre connaissance. C'est ainsi que nous répondrons aux insinuations malveillantes, tout en leur prouvant l'efficacité de notre matière.

TRAITEMENT

POUR LA GUÉRISON

DES ARBRES A FRUITS.

Nous avons dit dans l'un des chapitres que la Poudre Anti-Oïdique protégeait toutes les plantes qui étaient atteintes par l'Oïdium.

Elle combat non-seulement l'Oïdium, mais encore les chenilles qui dévastent les pruniers et les pommiers, insectes qui après avoir dépouillé ces arbres de leur feuillage et dévasté le fruit, se réfugient sous une enveloppe de toile d'araignée et s'y laissent mourir. Mais avant de se réfugier dans ce tourbillon de toile, ces insectes ont eu le soin de déposer leurs germes, dans les anfractuosités de l'arbre, germes qui reproduisent tous les ans ces insectes plus ou moins nombreux suivant le degré de température.

Nous n'entrerons pas dans un long détail au sujet du traitement des arbres, vu que ce serait répéter ce que nous avons dit déjà pour le traitement de la vigne, ces animaux dévastateurs se reproduisant de la même manière que se reproduit l'Oïdium, et qu'il convient de combattre ces germes avant qu'ils n'envahissent l'arbre en entier.

Le mode de traitement des arbres, est le même que le traitement de la vigne, néanmoins avec cette différence, que le traitement préservatif suffira à lui seul, s'il a été fait au temps utile et si la quantité de poudre a été suffisante pour détruire ces animaux lorsqu'ils commencent à se développer, développement facile à connaître, vu que ces animaux ne sont pas imperceptibles comme l'est l'Oïdium; il est alors très-évident, qu'observant son développement, et combattant cette vermine lors de son apparition, on s'opposera à ce que l'arbre soit envahi et par ce mode de traitement on aura l'avantage de conserver le fruit.

Le mode de traitement éventuel n'aura pas le même avantage attendu que les chenilles ayant atteint toute leur force et l'arbre se trouvant couvert par la multitude de ces insectes, il faudra plus de soin et plus de matière; et encore, lorsqu'elles commenceront à souffrir par la vertu de la poudre, elles abandonneront l'arbre se laissant tomber par un fil comme de la soie à l'aide duquel elles remonteront à leurs places si elles sont favorisées par une grande pluie qui peut seule enlever la matière. Mais on peut encore remédier à cet inconvénient, 1° en ayant soin de poudrer le pied de l'arbre depuis le sol jusqu'en haut, 2° en tournant autour de l'arbre et avec un bâton assez long pour couper tous les fils qui tiennent les chenilles suspendues ; alors le pied étant poudré avec soin ces animaux seront obligés de rester sur le sol et de s'y laisser mourir.

OPÉRATION SUR LES ARBRES.

Opérer sur les arbres avant la floraison, aussitôt que les feuilles sont formées, c'est-à-dire avant que les boutons de fleurs commencent à se développer, ayant soin de faire cette opération le matin avec la rosée, attendu que la matière aura plus de facilité à s'imprégner sur l'arbre et à détruire les germes de ces insectes.

Poudrer avec soin toutes les parties de l'arbre : le pied, les branches et les feuilles.

Répéter cette opération lorsque le fruit est formé et a atteint le volume d'un grain de raisin.

Attendre et poudrer de nouveau si les chenilles y apparaissent.

Comme il peut se faire que des germes peuvent être plus ou moins cachés dans les anfractuosités de l'écorce des arbres, et la poudre ne pas les atteindre, et que ces germes, comme tous les autres germes ne se développent qu'aussitôt que les circonstances et la température le permettent, évidemment il est très-urgent de surveiller son apparition et de les détruire aussitôt qu'ils se développent.

TRAITEMENT

POUR LA GUÉRISON
DES PLANTES POTAGÈRES.

—

Les plantes potagères sont également attaquées par un être parasite qui se développe sur les parties vertes, principalement sur la pomme de terre. Ce parasite en suit les tiges, s'introduit dans le sol et y attaque le tubercule.

La tomate est également atteinte par l'Oïdium ce qui est très-préjudiciable au fruit.

Les fèves sont aussi recouvertes d'une vermine comme des poux qui est aussi très-préjudiciable.

Pour conserver ces plantes il ne s'agit que de poudrer les tiges et les feuilles afin de les préserver, et par ce moyen cueillir le fruit que nous attendons d'elles lorsque nous les ensemençons. Tel est le but que nous nous sommes proposé dans l'intérêt de l'agriculture, et tout en nous imposant les frais d'un ouvrage aussi utile, nous n'avons voulu l'éditer, qu'après avoir fait de sérieuses épreuves, avoir opéré gratuitement chez un grand nombre de propriétaires, et avoir également donné gratuitement des matières afin de faire faire des essais, et par ce moyen prouver la véracité des faits que nous consignons dans cette notice. Tel a été notre but, nous l'avons atteint, et nous désirons ardemment que cette notice passe sous les yeux de tout le public.

INSTRUMENTS

EN USAGE POUR CETTE OPÉRATION.

—

L'instrument qui convient le mieux de tous ceux qu'on a employés jusqu'à ce jour pour faire les opérations est le soufflet. La houpe et le sablier offrent plus d'économie pour la matière, mais donnent beaucoup plus de dépense pour la main-d'œuvre. Le soufflet dépense plus de matière, mais l'ouvrier ne se fatigue pas et peut faire deux fois plus d'ouvrage que celui qui se sera servi du sablier ou de la houpe. Un ouvrier intelligent peut poudrer chaque jour tout un hectare de vigne.

EMPLOI DE L'INSTRUMENT.

Le soufflet doit être tenu dans une position horizontale parfaitement plane, car si on le tient incliné, la poudre tombe dans le tuyeau, engorge le canal et n'en sort qu'avec force et à gros flots, d'où il suit que la matière étant trop abondante peut brûler le grain du raisin.

Si on tient l'embouchure du soufflet trop près du cep, le matin surtout, avec l'humidité, la poudre formera une pâte contre la toile de la pomme du tuyeau. Cet inconvénient deviendrait très-grave, attendu que la poudre n'obéissant plus au souffle propulseur, on ferait une manœuvre qui ne donnerait aucun résultat et une dépense infructueuse.

DOCUMENTS

ET PIÈCES JUSTIFICATIVES.

Actes d'Engagement, Certificats et Liste d'un grand nombre de Propriétaires qui ont employé la Poudre dont nous sommes entrepositaires.

L'efficacité de cette Poudre a été démontrée de la manière la plus évidente. Rien ne peut mieux le prouver que les Certificats que nous transcrivons ici et les nombreux Actes d'Engagement que nous avons passés et dont voici la formule :

Acte d'Engagement.

Entre nous soussignés, Barthe (Jean) *et* Albagnac (Pierre), *domiciliés à Agen, route de Toulouse, n° 23, (Lot-et-Garonne), d'une part;*

Et M. domicilié à ,
commune de canton de ,
département de , d'autre part,

A été arrêté et convenu ce qui suit :

MM. Barthe *et* Albagnac *s'engagent à garantir de l'Oïdium les Vignes de M. , situées à , canton de , ayant une contenance de*

Il est bien entendu :

*1° Que **MM.*** Barthe *et* Albagnac *ne s'engagent à préserver de l'Oïdium que les neuf dixièmes des ceps de vigne confiées à leurs soins : (c'est-à-dire qu'il n'est garanti que 90 sur 100). Ils fournissent la matière et les instruments nécessaires à son emploi, ainsi que les ouvriers, qu'ils paieront à leurs frais.*

*2° **M.** fera prendre, à ses frais, la Poudre en même temps que les instruments et le bagage des ouvriers, s'il y a lieu, et leur fournira un abri convenable pour faire leur cuisine et les coucher.*

*3° **M.** s'engage, si les $^{9}/_{10}$ mes des ceps de vigne confiés aux soins de **MM.*** Barthe *et* Albagnac *sont préservés de l'Oïdium, à leur donner, à titre d'indemnité, la somme de* 70 fr. *par hectare, payable le 15 septembre de la présente année qui forme la durée du présent traité.*

4° La reconnaissance des vignes traitées par notre procédé sera faite, quelques jours avant les vendanges, par nous ou notre fondé de pouvoirs, ou, s'il y a lieu, par 2 experts choisis à l'amiable par chacune des parties.

5° Il demeure convenu que nous nous engageons à ne préserver vos vignes que de l'oïdium et non de tout autre accident, tels que grêle, gelée, etc.

6° En cas de contestation sur l'exécution de ce traité, le différend sera porté devant M. le Juge-de-Paix du canton où se trouve votre propriété, lequel décidera en dernier ressort ; les frais occasionnés resteront à la charge de la partie qui y aura donné lieu.

Fait double à Agen, le mil huit cent soixante .

Certificats.

—

Je soussigné, M. Martinet, régisseur des biens de Mme de Labastide, à Espalais (Tarn-et-Garonne), déclare avoir confié aux soins de MM. Barthe et Albagnac les vignes de Sirac et ous les treillages du jardin au château de Lastours. Avant la 2me opération, l'Oïdium avait déjà commencé ses ravages; aussitôt après cette opération, ses progrès furent arrêtés et pas un raisin n'a été mauvais. — Je déclare en outre que la vendange et le vin n'ont laissé rien à désirer pour le goût ni l'odeur.

En foi de quoi nous avons délivré à ces Messieurs le présent certificat, comme gratitude de leurs soins et des bons effets de leur système.

Délivré au château de Lastours le 12 oct. 1865.

Par procuration de Mme de Labastide,

MARTINET.

Je soussigné, Gélade J.-P., au château de Palais Castelculier (Lot-et-Garonne), déclare avoir employé la poudre de chez MM. Barthe et Albagnac sur mes vignes, en 1864. L'oïdium avait, comme les années précédentes, commencé son action dévastatrice; aussitôt la première opération, ses progrès quoique très-rapides furent arrêtés immédiatement, et mes vignes préservées de toute invasion nouvelle.

En 1865, j'ai également opéré sur toutes mes vignes qui en majeure partie étaient déjà envahies par la maladie; elle fut immédiatement arrêtée, et ma récolte préservée de cet inconvénient fâcheux et exempte de toute altération soit sur le vin, soit sur la piquette.

Je déclare en outre qu'indépendamment du poudrage des vignes, j'ai également opéré sur mes arbres fruitiers qui étaient couverts de vermine. Au moyen de cette opération faite à huit jours d'intervalle, les chenilles qui avaient envahi tous mes arbres ont été détruites.

Puisse cette attestation devenir le point de départ pour ceux qui depuis longtemps sont privés du produit de leurs arbres.

En foi de quoi j'ai délivré le présent certificat comme gratitude de l'efficacité de cette matière, d'après les succès que j'ai obtenus.

Au château de Palais, le 13 novembre 1865.

GÉLADE.

Je soussigné, Barthélemy Basset, à Boé (Lot-et-Garonne), déclare avoir confié aux soins de M. Barthe les treillages que j'ai dans ma propriété, où depuis douze ans je n'avais pu recueillir aucun raisin. Au moment que je les ai confiés aux soins de ce Monsieur, l'oïdium avait déjà tout envahi, mais la rapidité de sa marche fut immédiatement arrêtée par deux opérations faites à huit jours d'intervalle, tout fut conduit à parfaite maturité, et le fruit a été exempt de toute altération, soit pour le goût, soit pour l'odeur.

Délivré au château de Lestache, le 15 novembre 1865.

Basset (Barthélemy).

Je soussigné, Forfert dit Lorrain, maréchal-expert à Agen (Lot-et-Garonne), certifie que pendant les années 1864 et 1865, j'ai confié aux soins de MM. Barthe et Albagnac les treillages que j'ai dans mon jardin, qui tous les ans étaient complètement détruits par l'oïdium. En 1864, ce parasite avait, comme les années précédentes, tout envahi; par les soins de ces Messieurs, la rapidité de sa marche, ainsi que son action dévastatrice furent instantanément arrêtées, mes treillages non-seulement guéris, mais encore préservés de toute invasion nouvelle.

Je certifie en outre que les raisins ont été exempts de toute altération, soit pour le goût, soit pour l'odeur.

En foi de quoi j'ai délivré le présent certificat à ces Messieurs, comme gratitude de leurs soins.

Agen, le 10 novembre 1865.

FORFERT dit LORRAIN.

Je soussigné, M. Gignoux, aubergiste à Dunes (Tarn-et-Garonne), déclare qu'avec la poudre que j'ai achetée chez MM. Barthe et Albagnac, j'ai opéré sur mes vignes, plusieurs ceps entre autres étant fortement attaquées par la maladie. Par une opération faite d'après l'indication de leur prospectus, l'oïdium fut arrêté immédiatement et ma vigne préservée de toute invasion nouvelle.

Le vin que j'ai obtenu a été de toute satisfaction.

En foi de quoi :

Dunes, le 16 novembre 1865.

GIGNOUX (M.)

Je soussigné, Martin, propriétaire à Dunes (Tarn-et-Garonne), déclare avoir acheté de la poudre chez MM. Barthe et Albagnac, à l'effet de préserver mes vignes de l'oïdium. Mes épreuves ont eu un succès complet non-seulement sur la vigne mais encore sur d'autres plantes. — Je certifie qu'opérant avec cette matière on peut préserver les arbres à fruit de l'action dévastatrice des chenilles. Cette matière a la même vertu sur les sainfoins, si l'on opère à la naissance de l'insecte.

Je certifie avoir sérieusement fait les épreuves ci-dessus articulées ; et, comme gratitude des bons effets que j'ai obtenus, j'ai délivré le présent certificat.

En foi de quoi.

Dunes, le 16 novembre 1865.

+

M. Martin, ne sachant signer, a dicté le présent

certificat en présence de MM. Trouillé et Laporte, et, attestant la sincérité de sa déclaration, a fait une croix en présence de ses deux témoins.

TROUILLÉ. LAPORTE, serrurier.

Je soussigné, Cluzet, boucher à Donzac (Tarn-et-Garonne), déclare avoir confié aux soins de M. Barthe les jouales de ma propriété au lieu de Petit. L'oïdium avait déjà envahi la majeure partie des ceps, et par deux opérations à huit jours d'intervalle, les progrès de ce parasite furent complètement arrêtés, la vendange préservée de toute invasion nouvelle et exempte de toute altération.

En foi de quoi.

Donzac, le 17 novembre 1865.

CLUZET.

Je soussigné, LAUZOL, agent d'affaires à Golfech (Tarn-et-Garonne), déclare avoir acheté de la poudre chez MM. Barthe et Albagnac. Je certifie qu'à l'aide de cette matière j'ai préservé mes vignes de la maladie, qui les tenait depuis longtemps en souffrance. J'ai opéré deux fois et en temps utile suivant les indications de leur prospectus.

J'ai parfaitement préservé mes vignes de la maladie. Les raisins que j'ai eu sur les vignes poudrées ont été plus gros et ont donné plus de moût que celles qui n'ont été l'objet d'aucun soin. J'ai sérieusement observé l'efficacité de cette matière : après avoir examiné les cépages poudrés et les avoir comparés avec ceux qui ne l'ont point été, j'ai tout lieu de croire que non-seulement cette matière détruit l'oïdium et les insectes, mais encore qu'elle est un engrais pour la vigne, attendu qu'elle hâte le développement des jeunes pousses et des fruits.

En foi de quoi, j'ai adressé à ces Messieurs le présent certificat comme gratitude de l'efficacité de cette poudre, et comme encouragement pour ceux à qui cette matière est encore inconnue.

Golfech, le 14 novembre 1865.

LAUZOL.

Prayssas, le 5 août 1865.

Messieurs,

Je réponds à votre lettre du 28 juillet dernier, par laquelle vous me demandez compte de la vente de la poudre que vous m'avez confiée et des opérations que j'ai pu faire gratuitement, ainsi du reste que vous m'y avez autorisé.

Je n'ai reçu que des félicitations de tous les propriétaires où j'ai opéré. Tous m'ont déclaré que la maladie avait complètement disparu de tous les pieds de vigne que j'ai opérés; il faut donc espérer, pour l'année prochaine, que la vente sera considérable.

Devant aller à Agen dans quelques jours, je vous donnerai plus de détails de vive voix.

Recevez, Messieurs, l'expression sincère de mes sentiments très-distingués.

J. F. Lagleyze.

Lavit, le 10 août 1865.

Messieurs Barthe et Albagnac,

En réponse à votre lettre du 28 juillet dernier, je viens vous dire que j'ai opéré gratuitement chez les personnes dont voici les noms :

M. Baysset, huissier;

M. Perriez, serrurier;

Mme Torin, sage-femme;

Mme Cayx.

Ces messieurs ainsi que ces dames n'ont que des louanges à me faire, étant tous très-satisfaits de la Poudre Anti-Oïdique.

J'ai bien l'honneur de vous saluer.

P. Quillot aîné,

J. Quillot, née Bissières.

Je soussigné, Roux, négociant à Agen (Lot-et-Garonne), déclare avoir confié aux soins de MM. Barthe et Albagnac les treillages que j'ai dans mon jardin; je certifie avoir constaté les bons effets de leur système; aussi, comme gratitude de leurs soins, je délivre le présent certificat.

Je certifie en outre que mes raisins ont été exempts de toute altération.

En foi de quoi, Agen, le 10 novembre 1865.

Auguste Roux.

Je soussigné, Fauché, entrepreneur à Agen

(Lot-et-Garonne), déclare avoir confié aux soins de MM. Barthe et Albagnac mes treillages qui depuis longues années avaient été envahis par l'oïdium; deux opérations seulement ont suffi pour les rétablir en bon état.

Les raisins que j'ai obtenus ont été exempts de toute altération, soit pour le goût, soit pour l'odeur.

Je déclare en outre qu'un de mes voisins ayant également des treillages qui n'ont été l'objet d'aucun soin, les a eus complètement détruits par l'oïdium.

En foi de quoi j'ai délivré le présent certificat pour servir à MM. Barthe et Albagnac comme gratitude de leurs soins et de l'efficacité de leur matière.

Agen, le 10 novembre 1865.

FAUCHÉ.

M. Roux, huissier audiencier à Agen, déclare avoir confié aux soins de MM. Barthe et Albagnac des treillages qui tous les ans étaient dévastés par l'oïdium. Ils ont été confiés à leurs soins pendant les années 1864 et 1865; deux opérations ont suffi pour les maintenir en bon état, et le fruit que j'ai obtenu a été exempt de toute altération.

Agen, le 4 novembre 1865.

ROUX.

Nous soussignés, Charles Labérille, Souèges et Charles Bru, propriétaires à Castelculier (Lot-et-Garonne), déclarons avoir employé la Poudre de chez MM. Barthe et Albagnac, à l'aide de laquelle nous avons préservé de l'oïdium nos treillages qui depuis longues années étaient entièrement détruites par ce parasite.

Nous déclarons encore qu'un de nos voisins ayant également des treillages qui n'ont été l'objet d'aucun soin, ils ont été complètement détruits par l'oïdium au moment de la maturité.

En foi de quoi, Castelculier, le 12 novemb. 1865.

LABÉRILLE. SOUÈGES. BRU.

Je soussigné, Germain, à la Grande Carrère, à Boé (Lot-et-Garonne), déclare avoir confié aux soins de M. Barthe les treillages que j'ai autour de ma maison et quelques-uns des pieds de mes jouales. Les treillages ont été traités en temps utile, à la volonté de M. Barthe, et pas un seul grain n'a été atteint. Quant aux ceps de mes joualles, je ne les ai confiés à ses soins que lorsque la maladie a été bien déclarée, dans le but de me rendre compte de l'efficacité de la poudre qu'il employait; je certifie que la maladie fut arrêtée immédiatement, et les raisins conduits à parfaite maturité. En foi de quoi.

La Grande Carrère, le 4 octobre 1865.

GERMAIN aîné.

Roux, commune de St-Loup, 15 nov. 1865.

A M. Albagnac et compagnie,
cours du Pin, à Agen.

Monsieur,

Je soussigné, Edouard Faucon, propriétaire, maire de St-Loup, canton d'Auvillars, déclare avoir fait emploi de la Poudre Anti-Oïdique, à titre d'essai, sur une allée de chasselas, dont tous les pieds étaient depuis quelques années plus ou moins attaqués de l'oïdium, et que, cette année, ils en ont tous été préservés. J'ajoute que cette matière n'a laissé aucun mauvais goût aux raisins.

St-Loup, le 15 novembre 1865.

Ed. FAUCON.

Je soussigné, Nouguès père, chef de bureau à la Préfecture de Lot-et-Garonne, certifie avoir confié les vignes de mon jardin aux soins de MM. Barthe et Albagnac, et être très-satisfait des soins qu'ils leur ont donnés.

Ces vignes étaient depuis longtemps atteintes de l'oïdium et ne donnaient aucun fruit, tandis que cette année (1865) les raisins ont été d'une abondance extraordinaire, très-sains et d'un goût parfait.

En foi de quoi.

Agen, le 22 novembre 1865.

NOUGUÈS.

Je soussigné, Fontanié, à Caudecoste (Lot-et-Garonne), déclare que j'avais une haie couverte de chenilles, qui me dévastaient les jeunes pousses; j'ai acheté de la Poudre chez MM. Barthe et Albagnac, à l'aide de laquelle j'ai complètement détruit ces insectes. Aussitôt après cette opération, ma haie reprit sa même vigueur, comme si elle n'avait été atteinte d'aucune altération.

En foi de quoi j'ai délivré le présent certificat.

Aux Balignaux, le 21 novembre 1865.

FONTANIÉ.

Je soussigné, Audouan, forgeron-serrurier à Castelculier (Lot-et-Garonne), déclare avoir confié aux soins de MM. Barthe et Albagnac les vignes de mon jardin; je certifie être très-satisfait des soins qu'ils leur ont donnés.

Ces vignes étaient depuis longtemps ravagées par l'oïdium, et ne me donnaient aucun fruit; cette année, les raisins ont été abondants et exempts de toute altération.

En foi de quoi, Agen, le 20 novembre 1865.

AUDOUAN.

Je soussigné, Lambert, garde-champêtre de la commune de Cauzac, canton de Beauville (Lot-et-Garonne), certifie avoir confié aux soins de MM. Barthe et Albagnac les treillages que j'ai autour de ma maison, qui tous les ans étaient atteints par l'oïdium. Ces messieurs, par l'efficacité de leur système, ont conduit les raisins à parfaite maturité, quoique néanmoins, lors de leur deuxième opération, les raisins étaient déjà envahis par l'oïdium.

Je certifie en outre que cette matière n'a laissé au fruit aucun mauvais goût.

En foi de quoi, Cauzac, le 15 novembre 1865.

Le garde-champêtre, LAMBERT.

Je soussigné, Laborie, propriétaire à Rigal, commune de Cauzac Beauville (Lot-et-Garonne), déclare avoir traité à forfait avec MM. Barthe et Albagnac, à l'effet de confier à leurs soins mes vignes, qui depuis longtemps me privaient de leurs fruits. J'ai obtenu une bonne récolte et les raisins exempts de toute altération.

En foi de quoi, Rigal, le 15 novembre 1865.

LABORIE.

Je soussigné, Forges, d'Agen (Lot-et-Garonne), déclare avoir traité à forfait avec MM. Barthe et Albagnac, afin de préserver mes vignes de l'oïdium. Ces messieurs avaient pris l'engagement de me garantir 90 pieds sur 100, et pas un seul n'a été atteint. J'ai confié à leurs soins des vignes où depuis douze ans je n'avais pu obtenir une récolte ; cette année, ces vignes m'ont donné beaucoup de vendange, et le vin est de toute satisfaction.

En foi de quoi j'ai délivré le présent certificat comme gratitude de l'efficacité de leur procédé.

Agen, le 25 novembre 1865.

FORGES fils aîné.

Liste

DES PROPRIÉTAIRES QUI ONT TRAITÉ A FORFAIT.

M. Deauze, maire de Dunes,	3 h.		
M. Capdeville, avoué à Agen,	1 h.	58 a.	
Mme de Labastide, à Valence-d'Ag.	1 h.	»	40
M. Souliès, boulanger à Donzac,		47 a.	40
M. Molinier, propriétaire à Donzac,		50 a.	12
M. Faget, maire de Donzac,		42 a.	
M. Ladougne, à Valence-d'Agen,		45 a.	
M. Cancel, à Valence-d'Agen,		40 a.	
M. Deguillem, à Donzac,		25 a.	80
M. Forges, à Agen,		50 a.	80
M. Laborie, à Cauzac,		27 a.	
M. Mirabel, à Cauzac,		15 a.	
M. Mirabel, à St-Jean de Thurac,		27 a.	
M. Lasserre, à Agen,		25 a.	
M. Dorday, à Puymirol,		30 a.	

Liste

DE QUELQUES-UNS DES PROPRIÉTAIRES QUI ONT EXPÉRIMENTÉ LA POUDRE CI-DESSUS ANNONCÉE.

—

MM. Nouguès, chef de bureau à la Préfecture d'Agen.

Faucon, maire de St-Loup, juge-de-paix du deuxième canton d'Agen.

Roux, huissier à Agen.

Lorrain Forfer, vétérinaire à Agen.

Rouarand, à Agen.

Carabit, à Agen.

Espinasse, à Agen.

Louizet, à Agen.

Marche, à Melum (St-Hilaire).

Lacroix, à St-Pierre de Clairac.

Selsis, à St-Pierre de Clairac.

Fauché, à Agen.

Laboulbène, à Castelculier.

Labérille, à Castelculier.

Espinasse, à Castelculier.

Souèges, à Castelculier.

Bru, Charles, à Castelculier.

MM. Delprat, à Pont-du-Casse.
Calmel, à Cauzac.
le Garde-Champêtre de Cauzac.
Laville, à Boé.
Caussines, à Boé.
Basset, à Boé.
Cavalier, à Bonencontre.
Sennies, propriétaire à St-Loup.
le Curé de Donzac.
Luzet, à Donzac.
Grand, à Donzac.
Gignoux, à Dunes.
Martin, à Dunes.
Germain, à Boé.
Astrugue, employé au ch. de fer, à Agen.
Espinasse, à Agen.
Paillas, à Fals.
Baysset, huissier à Lavit.
Perriez, serrurier à Lavit.

AVIS

AUX

Pères de Famille.

M. BARTHE, en s'imposant un ouvrage aussi utile qu'important pour l'agriculture, a voulu encore venir en aide aux Pères de Famille qui restent dans l'ignorance et se privent eux-mêmes des bénéfices dont ils pourraient jouir au moyen de combinaisons qu'ils ne comprennent pas.

M. Barthe embrasse plusieurs branches d'affaires :

Il représente la comp[ie] LA PATERNELLE, *assurance sur la vie et contre l'incendie*, en qualité de Sous-Directeur adjoint, au chef-lieu du Lot-et-Garonne;

Il représente également les Compagnies Réunies pour l'Exonération du Service Militaire, à primes fixes et en mutualité, en qualité d'Inspecteur du département de Lot-et-Garonne.

L'assurance contre l'Incendie est assez connue dans nos campagnes, néanmoins la majeure partie des habitants restent encore privés des grands avantages qu'offrent les compagnies à primes fixes. Trompés par la prime variable de la Mutualité, il leur semble que toutes les compagnies sont les mêmes. Détrompez-vous. Dans la Mutualité, vous ne savez jamais quelle est la prime que vous aurez à payer, attendu que les éventualités qui surviennent dans l'association font que la prime est variable.

Dans une compagnie à primes fixes, il n'en est pas de même : il n'est jamais réclamé à l'assuré un centime de plus que la prime portée aux tarifs et cotée sur son contrat.

Un incendie se déclare; l'assuré en instruit immédiatement l'agent qui, aussitôt avisé, se transporte sur les lieux, et, après avoir reconnu la déclaration de l'assuré, en instruit la Compagnie qui donne immédiatement des ordres pour qu'un expert soit appelé à constater le dommage et fixer le chiffre de l'indemnité qui, de suite et sans aucun retard, est payée au sinistré.

L'assurance sur la Vie offre également de très-sérieux avantages. Nous nous faisons un plaisir de les porter à la connaissance de ceux qui ignorent les combinaisons de cette branche d'assurance.

Exemple : Un Père de Famille assure sur la tête de son enfant pour que celui-ci ait un avenir à sa majorité. Le père évidemment prend l'engagement de payer tous les ans une prime plus ou moins élevée, selon l'âge de l'assuré. Au bout de 4, 5 ou 6 ans, des revers viennent porter obstacle à la situation de ce père de famille qui ne se voit plus en possibilité de continuer à acquitter la prime qu'il avait payée jusqu'à cette époque. L'inquiétude, le remords s'emparent de lui; il craint de se voir déchu de tous ses droits, d'avoir perdu ses premières avances. Il n'en est rien cependant. La Compagnie que represente M. Barthe n'agit pas ainsi : Vous n'êtes plus en possibilité de payer votre prime; alors la Compagnie arrête votre compte sur les fonds que vous avez versés et les bénéfices que vous ont réalisés les intérêts capitalisés et composés. A partir du jour de l'arrêt de votre compte, tous les bénéfices que réalisent vos fonds restent au profit de l'association dotale, et à la majorité, vous touchez le montant des fonds qui vous furent attribués lorsque vous cessâtes de payer votre prime.

Vous avez donc, cher lecteur, toute sécurité, et au moyen d'une faible économie, vous avez l'avantage de faire un avenir pour votre fils.

Le but des assurances pour l'Exonération est de fournir aux parents, à l'aide d'un faible capital, les moyens de faire exonérer leurs enfants du Service Militaire et de profiter de la loi du 26 avril 1855.

L'assurance se fait à tout âge, au moyen d'un tarif proportionnel, qui est d'autant plus avantageux que l'assuré est plus jeune. Ainsi une souscription de 775 fr. pour un enfant de 3 ans donne les mêmes avantages que celle de 1200 fr. faite la veille du tirage. Cette combinaison rend l'exonération possible pour toutes les fortunes. — Aussi cette institution tend-elle à se généraliser.

Le montant de la souscription n'est jamais versé dans la caisse de la Direction générale, ni entre les mains d'aucun représentant de la Société. Il est déposé, huit jours seulement avant le tirage, à la Caisse d'Épargne ou chez une personne solvable, au choix du souscripteur, et jusque là, celui-ci n'est tenu à aucun paiement d'intérêts. Il y a donc toute sécurité pour les assurés.

Le souscripteur n'est jamais tenu de payer à la Société que la somme qu'il s'est engagé à verser.

Sont résiliées en totalité toutes les polices souscrites par des jeunes gens décédés avant le Conseil de Révision et de moitié celle de ceux qui, au Conseil de Révision, se trouveraient réformés ou exemptés par un cas autre que le bon numéro.

La Compagnie est administrée avec le plus grand soin et la plus grande loyauté. En 1864, les souscripteurs de 1200 francs ont eu, souscription comprise, 2,232 fr. Nous avons dit plus haut que la souscription de 775 fr. pour un enfant de 3 ans produisait les mêmes avantages que celle de 1200 fr. faite quelques jours avant le tirage; ce sont des résultats que beaucoup de sociétés seraient heureuses de proclamer.

Les avantages incontestables offerts par ces Compagnies font que chaque jour de nouvelles adhésions viennent confirmer la justesse de ses combinaisons. Nous espérons, cher lecteur, que lorsque vous serez bien pénétré de ces avantages vous n'hésiterez pas à en profiter.

M. Barthe n'a aucun représentant pour l'arrondissement d'Agen ; il passera lui-même dans les communes porteur de ses pouvoirs, mais il serait plus rationel de se présenter à son Bureau (cours Trénac, n° 23), qui sera ouvert au public tous les samedis et tous les dimanches jusqu'à midi.

Aperçu des Tarifs.

AGE.	SOUSCRIPTIONS.	POLICE ET TIMBRE.	FRAIS D'ADMINISTR^{n}	A PAYER contre Police	OBSERVATIONS.
Naissance	700	6 50	35 » »	41 50	Les sommes à souscrire d'après le Tarif ci-contre sont celles jugées nécessaires afin d'obtenir le montant de l'exonération. Les familles ont la faculté de souscrire des sommes supérieures ou moindres, par chiffres ronds. La souscription ne peut être, dans aucun cas, inférieure à 700 francs, ni supérieure à 1200 francs.
1	725	6 50	36 25	42 75	
2	750	6 50	37 50	44 » »	
3	775	6 50	38 75	45 25	
4	800	6 50	40 » »	46 50	
5	825	6 50	41 25	47 75	
6	850	6 50	42 50	49 » »	
7	875	6 50	43 75	50 25	
8	900	6 50	45 » »	51 50	
9	925	6 50	46 25	52 75	

Suite des TARIFS.

AGE.	SOUSCRIPTIONS.	POLICE ET TIMBRE.	FRAIS D'ADMINISTR[n]	A PAYER contre Police	OBSERVATIONS.
10	950	6 50	47 50	54 » »	Indépendamment des bénéfices résultant des bons numéros ou de ceux réformés ou exemptés, le souscripteur de 775 francs aura, mise comprise, plus de 2500 fr., attendu que les affaires réalisées dans toute la France prenant tous les jours une plus grande extension, il est évident que les chances deviendront de plus en plus avantageuses.
11	975	6 50	48 75	55 25	
12	1000	6 50	50 » »	56 50	
13	1025	6 50	51 25	57 75	
14	1050	6 50	52 50	59 » »	
15	1075	6 50	53 75	60 25	
16	1100	6 50	55 » »	61 50	
17	1125	6 50	56 25	62 75	
18	1150	6 50	57 50	64 » »	
19	1175	6 50	58 75	65 25	
20	1200	6 50	60 » »	66 50	

Certificats.

—

Je soussigné, Toussaint Charbonnel, propriétaire, demeurant à Esse (Charente), certifie avoir reçu de la société LA SENTINELLE, à laquelle je m'étais adressé pour mon fils, la somme de *deux mille deux cent trente-deux francs* pour une mise de *douze cents francs*. — Pareil résultat rarement obtenu par la concurrence n'étant dû qu'à la sagesse de l'administration de ladite société, je me fais un devoir d'en avertir les pères de famille et de les engager à traiter avec cette société.

Esse, le 25 juin 1865.

CHARBONNEL.

Je soussigné, Cyr-Vincent-Charles Amy, juge-de-paix de Saincoins (Cher), chevalier de la légion d'honneur, membre du conseil général certifie et déclare qu'au moyen de ma souscription à la société LA SENTINELLE, j'ai touché *deux mille trois cents francs* pour l'exonération de mon fils.

Je n'ai qu'à me louer de mes rapports avec cette société, qui a rempli ses engagements très-exactement envers moi, et je me plais à lui donner un sincère témoignage de ma complète satisfaction. — Saincoins, 2 septembre 1865.

AMY.

St-Colomb (Lot-et-Gar.), 1er juillet 1865.

Monsieur,

Je viens vous exprimer toute la satisfaction que

m'ont fait éprouver la loyauté, l'exactitude et le succès de la société que vous représentez.

Conformément à ses statuts, j'avais déposé à l'étude de Me Trémoulet, notaire à Villeneuve, avant le tirage de la présente année, une somme de *douze cents francs*, et immédiatement après les opérations du conseil de révision, j'ai reçu sans frais et sans retenue la somme de *deux mille deux cent trente-deux francs*, formant la part de chaque assuré tombé au sort, dans la répartition générale.

Je vous prie, Monsieur, d'agréer avec mes remerciements, l'expression de mes sentiments les plus dévoués. Louis VIDAL, prop.

Vu pour légalisation de la signature ci-dessus apposée. Le maire, TREILHEST.

Je soussigné, François Gaulier, propriétaire à Fromental (Haute-Vienne), déclare avoir assuré mon fils, de la classe 1864, à la société LA SENTINELLE, moyennant la somme de *douze cent cinquante francs*.

Le dividende distribué par ladite société ayant été de 86 p. 0/0, j'ai reçu la somme de *deux mille trois cents francs*, qui était l'exonération de mon fils, tombé au sort. N'ayant qu'à me féliciter de cette société, aussi bien de son exactitude que de son résultat, je la recommande aux pères de famille. Fromental, le 18 juin 1865.

GAULIER.

Vu pour la légalisation de la signature du sieur Gaulier. Le maire, ERON DE FROMENTAL.

Imprimerie J.-A. Quillot, c. Plateforme et r. St-Martial, 1.

S'ADRESSER

POUR L'ACHAT DES MATIÈRES .

A AGEN, chez M. **Barthe**, entrepositaire général des départements du Lot-et-Garonne, du Gers, du Lot et du Tarn-et-Garonne, cours Trénac, n° 23.

à BEAUVILLE, chez M. Farges, marchand épicier, sur le foirail;

à PUYMIROL, chez M. MASSET, rue de la Citadelle;

à PRAYSSAS, chez M. Lagleyse, secr. de la Mairie;

à AIGUILLON, chez M. Péribère;

à LAYRAC, chez M. Parrey, rue Verdun ;

à LAPLUME, chez M. Despaux ;

à AUCH, chez M. Tarbes, nég. place de la Mairie ;

à CONDOM, chez M. Baylet, agent d'affaires;

à MONTAUBAN, chez M. Tournon, négoc. Grande rue Ville-Bourbon;

à MONTAIGUT, chez M. Daurée Texidore, marchand épicier, place du Marché;

à LAVIT, chez M. Quillot aîné, négociant;

à VALENCE-D'AGEN, chez M. Roche, entrepositaire de bière.

---

*On trouvera dans tous les **Dépôts** l'instrument nécessaire.*

www.ingramcontent.com/pod-product-compliance
Ingram Content Group UK Ltd.
Pitfield, Milton Keynes, MK11 3LW, UK
UKHW020353180726
13839UKWH00003B/1074